KB273642

왜 재채기를 해요?

삐뽀 삐뽀
우리 몸

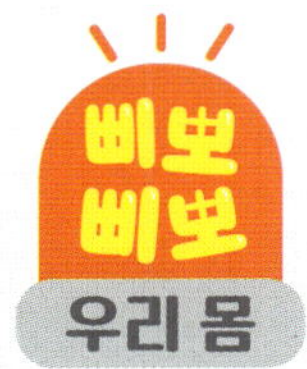

왜 재채기를 해요?

매들린 타일러 글
이계순 옮김
서영균 감수

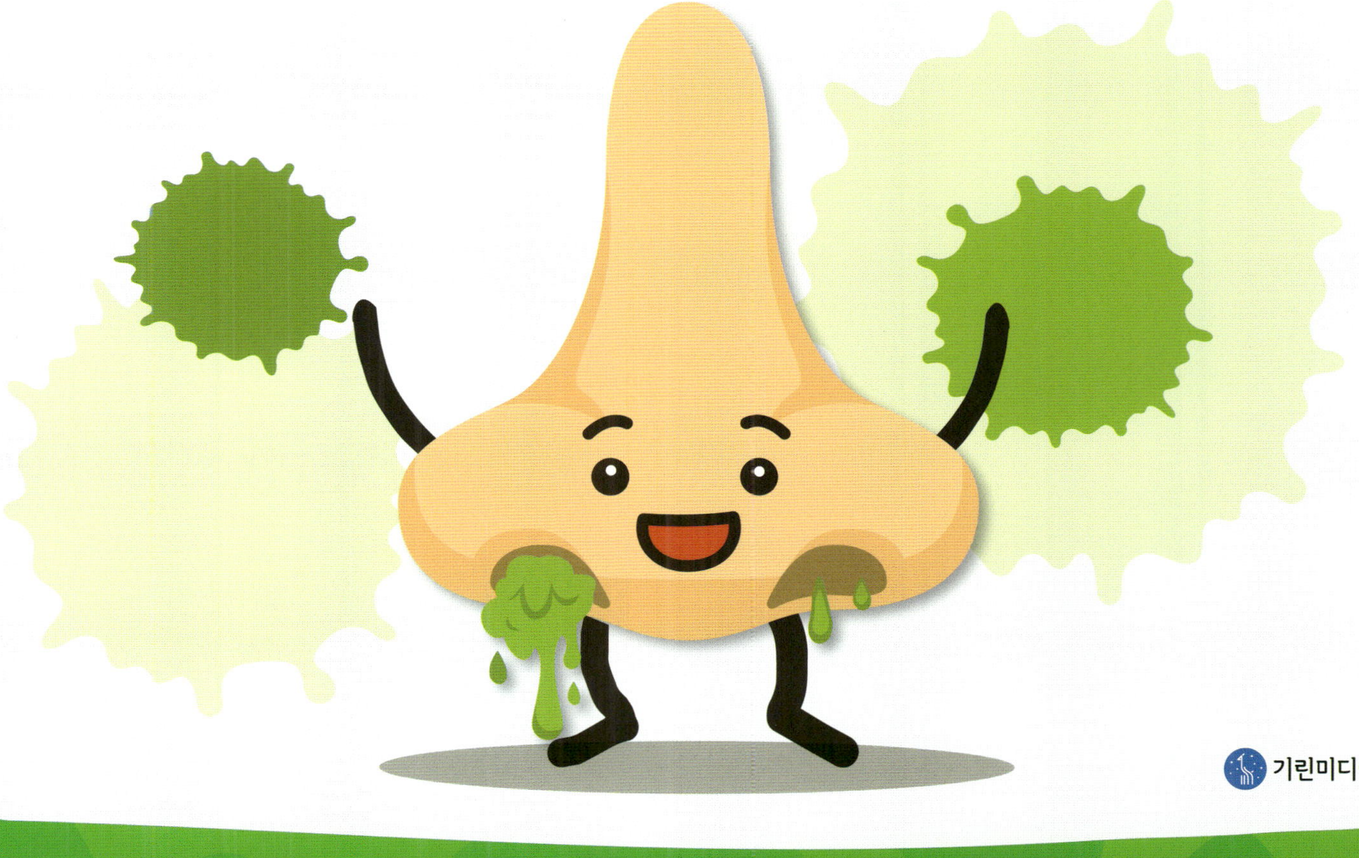

기린미디어

왜
재채기를
해요?

차례

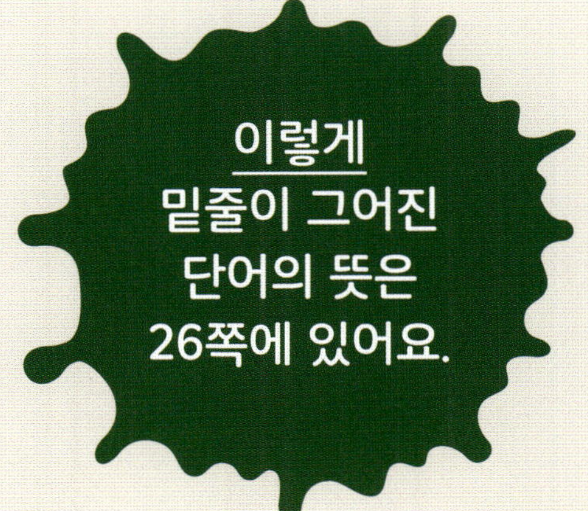

콧물이 흐르나요?

여섯 살 꼬마도, 예순 살 할아버지도 콧물을 흘리고 코딱지가 있어요.
왜 그럴까요?

우리는 코로 숨을 쉬어요. 끈적끈적한 코딱지는 숨 쉴 때 딸려 들어온 먼지 같은 것을 딱 잡아서 몸속으로 들어가지 못하게 해요. 우웩! 더럽다고요? 하지만 정말 필요한 일이라고요!

숨을 크게 들이마셔요

사람은 공기를 들이마셔야 해요. 몸에 산소가 필요하거든요. 하지만 공기에는 먼지, 꽃가루, 세균 같은 것도 떠돌고 있어요. 이런 건 우리 몸에 필요 없다고요.

콧물 같은 점액은 매우 중요해요. 공기에 섞여 들어오는 지저분한 것들을
콧물 안에 가둬 두니까요. 이러면 허파(폐)를 깨끗하게 지킬 수 있어요.

호흡 기관

입과 코

공기를 들이마셔요. 먼지나 꽃가루처럼 크고 지저분한 것들을 걸러 내요.

점막

호흡 기관의 안쪽 벽에는 점막이 있어요.
점막은 점액을 만들어서
티끌 같은 것들을 잡아내요.

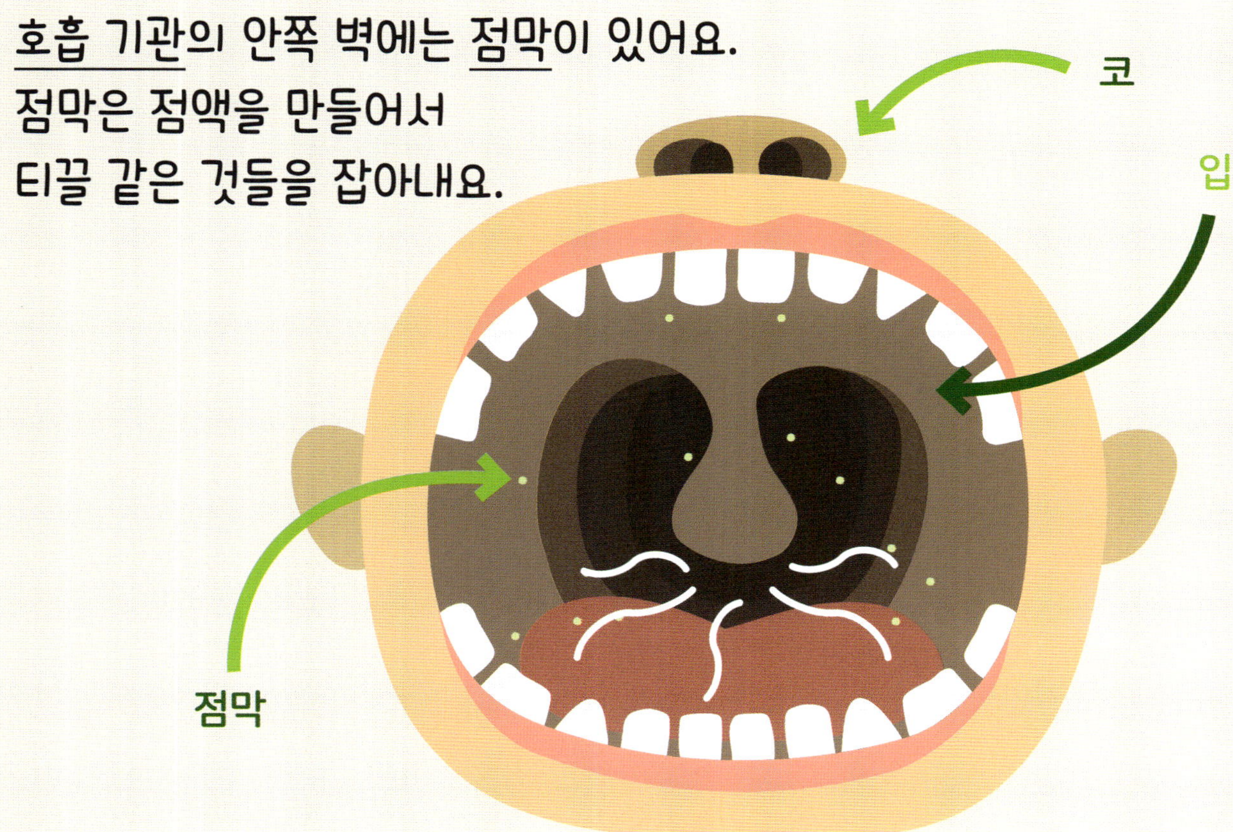

허파

허파는 공기 속의 산소를
핏속으로 들어오게 하고,
핏속의 이산화 탄소를
몸 밖으로 내보내요.

기관

들이마신 공기는 목 안쪽에 있는 기관을
지나 허파로 들어가요. 이때, 끈적끈적한
점액과 섬모라는 짧고 가느다란 털이
공기가 아닌 것들을 전부 잡아내요.

우리 몸을 지켜라!

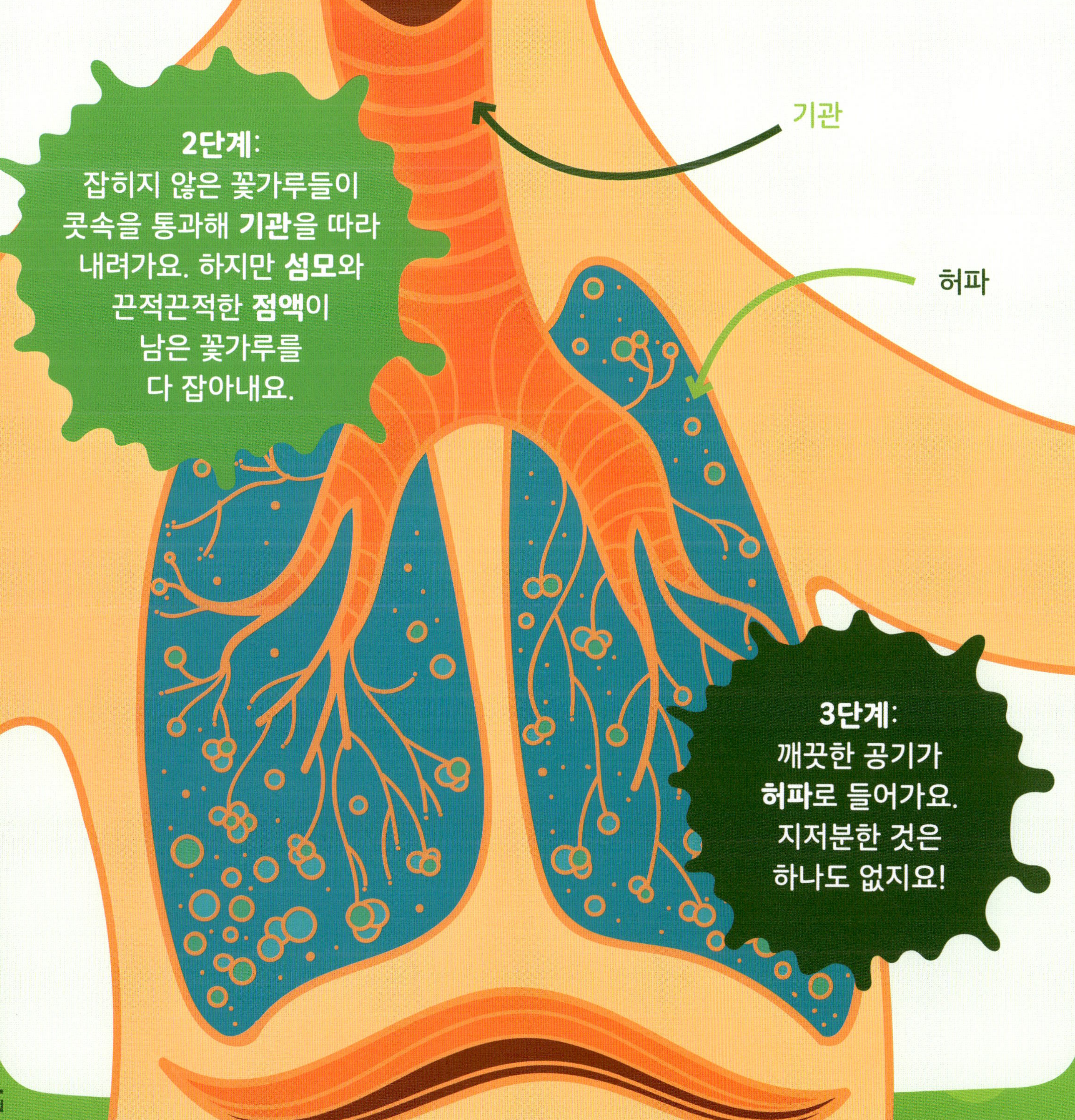

기관
허파
2단계:
잡히지 않은 꽃가루들이 콧속을 통과해 기관을 따라 내려가요. 하지만 섬모와 끈적끈적한 점액이 남은 꽃가루를 다 잡아내요.
3단계:
깨끗한 공기가 허파로 들어가요. 지저분한 것은 하나도 없지요!
13

코를 힝!

자, 숨을 들이마실 때 들어온 지저분한 것들이 콧물에 갇혀 있어요. 우리 몸은 이것들을 어떻게 없앨까요?

콧물을 삼키면 위 속의 위산이 이 지저분한 것들을 녹여서 없애요. 콧물이
말라붙어서 코딱지가 되기도 하는데, 코를 흥 풀면 코딱지가 뚝 떨어지지요.

15

침입자다!

공기 속에 있는 어떤 것들은 지저분할 뿐만 아니라 우리를 아프게 할 수도 있어요. 병원체가 바로 그렇지요!

콧물을 통해 이쪽에서 저쪽으로 옮겨 가는 병균도 있어요. 기침이나 재채기할 때는 입뿐만 아니라 코도 가려야 해요. 그래야 다른 사람에게 병을 옮기지 않지요!

기침과 열

바이러스가 콧물을 통과해 몸속으로 들어오면, 우리는 감기에 걸려요.
감기에 걸리면 기침이 나오고 열이 나면서 많이 아파요.

감기는 쉽게 <u>전염</u>돼요! 감기에 걸리지 않으려면 손을 깨끗하게 자주 씻어야 해요.

알레르기

알레르기가 있는 사람도 콧물을 흘리고 재채기를 심하게
해요. 고양이 알레르기가 있는 사람도 있고, 꽃가루
알레르기가 있는 사람도 있어요.

꽃가루 알레르기가 있는 사람이 숨 쉬다가 꽃가루를 들이마시면 코가
자극을 받아요. 그러면 코는 점액을 만들어 꽃가루를 잡아 둔 다음, 에취!
재채기를 해서 밖으로 내보내지요.

여러 가지 콧물 색깔

여러분의 콧물은 어떤 색깔인가요?

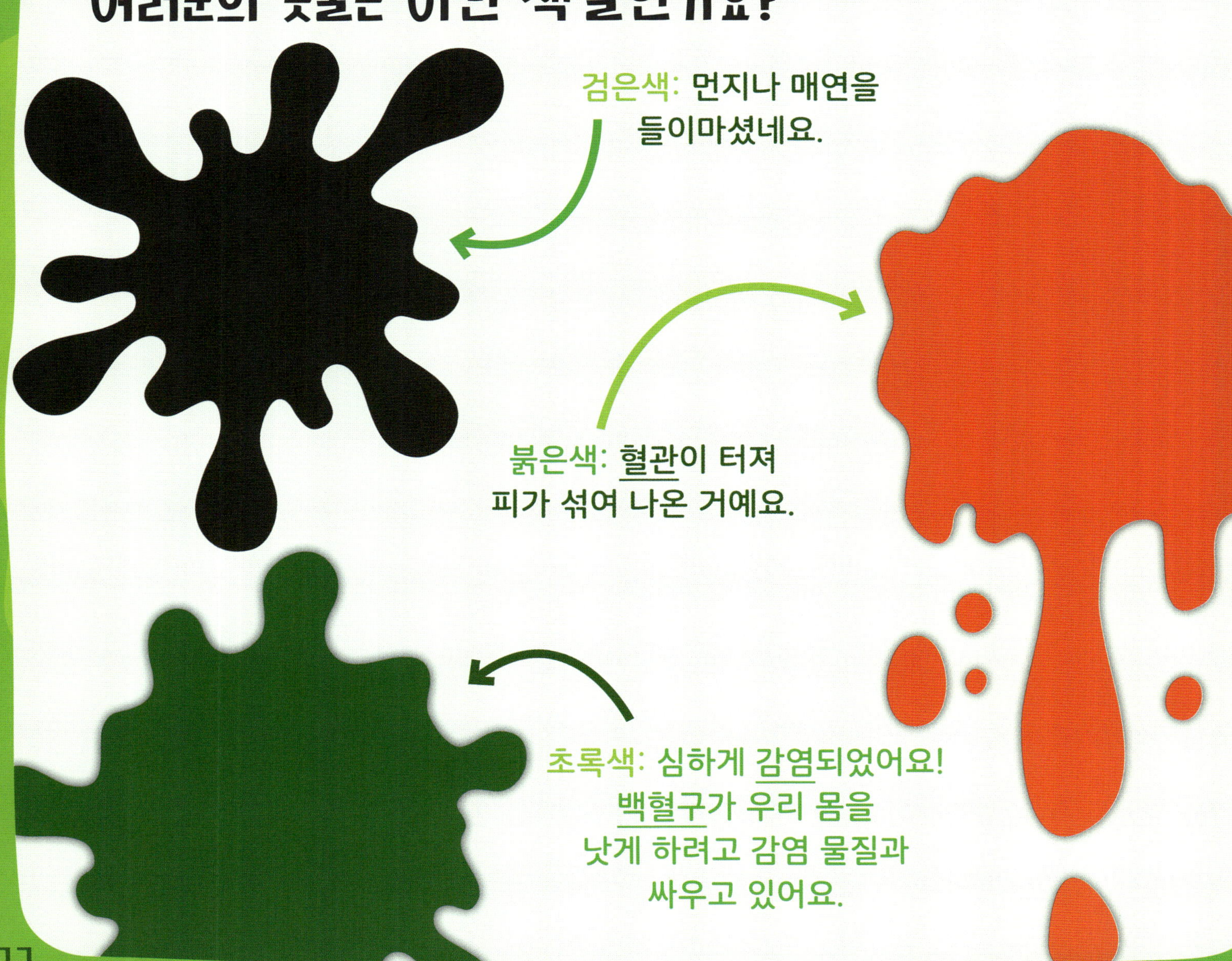

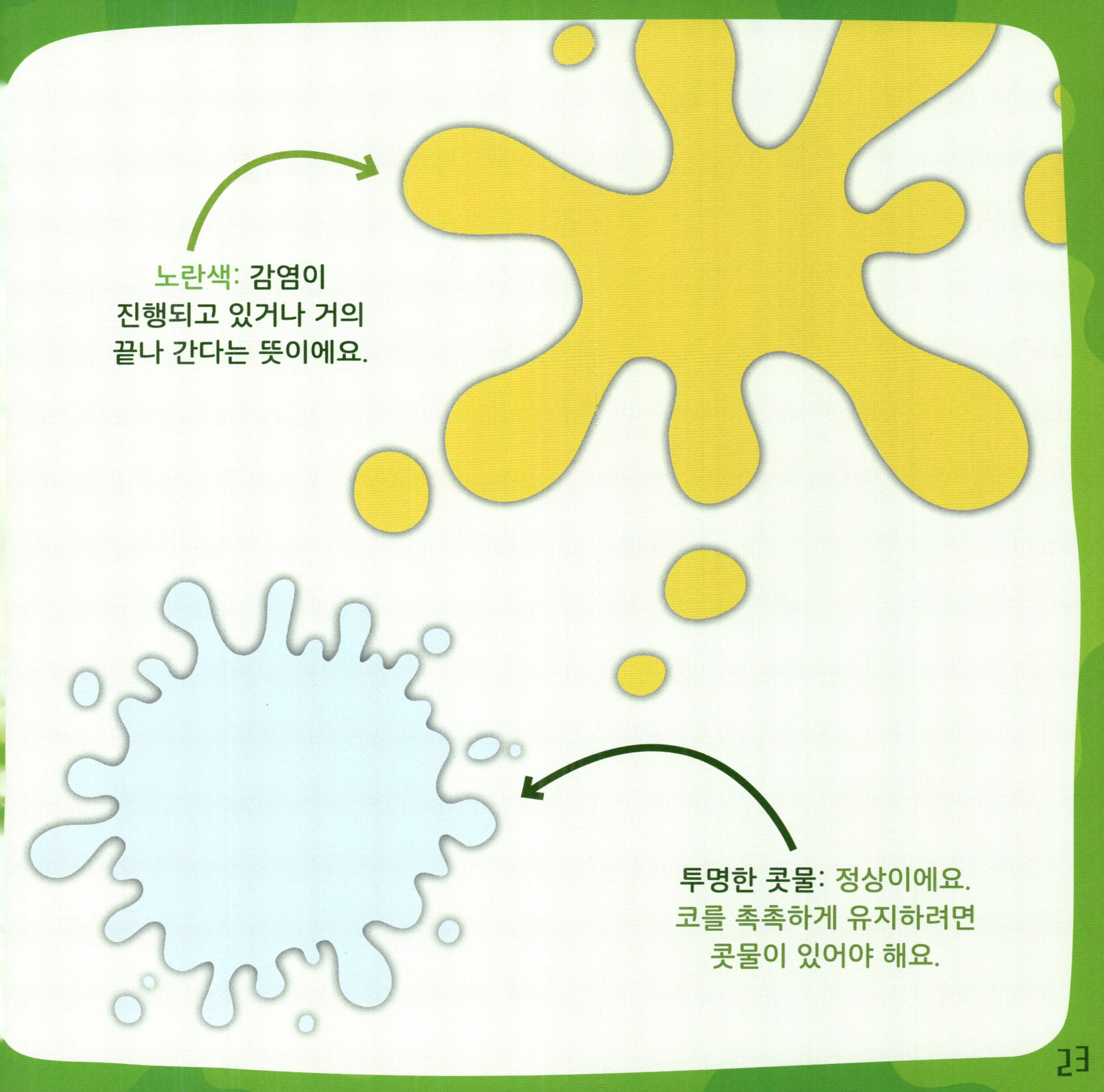
노란색: 감염이 진행되고 있거나 거의 끝나 간다는 뜻이에요.
투명한 콧물: 정상이에요. 코를 촉촉하게 유지하려면 콧물이 있어야 해요.

23

세상에, 이럴 수가!

콧물은 공기 중에서 10미터까지
날아갈 수 있어요.

곤충과 <u>양서류</u>는
재채기를 못 해요.

콧물은 하루에 1리터씩 나와요.
아플 때는 더 많이 나오고요.

재채기할 땐 눈을 뜨고 있을 수 없어요. 진짜로 그런지 한번 해 봐요!
재채기를 하면 침방울이 한 시간에 30~60킬로미터의 속도로 날아가요.
60
도나 그리피스는 재채기를 제일 오래 해서 기네스북에 올랐어요. 무려 978일 동안이나 재채기를 했대요!

무슨 뜻일까요?

감염
22, 23쪽

병을 일으키는 바이러스, 세균, 진균, 기생충 같은 병원체가 몸속에 들어가 퍼지는 거예요.

기관
11, 13쪽

목구멍 쪽에 있는 관 모양의 통로예요. 공기는 이곳을 지나 기관지를 거쳐 허파로 들어가지요.

바이러스
18쪽

동물이나 식물 등의 생물에 붙어살면서 그 생물을 병들게 하는 아주 작은 입자예요. 세균보다 작아요.

병원체
16쪽

우리 몸에서 병을 일으키는 바이러스, 세균, 진균, 기생충 등을 말해요.

백혈구
22쪽

핏속에 들어 있는데, 병균 같은 나쁜 것들로부터 우리 몸을 지켜 줘요.

산소
8, 11쪽

사람뿐만 아니라 다른 동식물이 살아가는 데도 꼭 필요한 기체예요. 기체는 공기처럼 모양과 부피가 없는 물질의 상태를 말해요.

세균
8쪽

다른 동물이나 식물에 붙어살면서 병을 일으키거나 발효 작용 등을 하는 작은 생물이에요. 박테리아라고도 해요.

알레르기
20, 21쪽

어떤 물질이 몸속에 들어갔을 때 재채기를 하거나 두드러기가 나는 등 지나치게 반응을 하는 걸 말해요.

양서류
24쪽

물과 땅 양쪽 모두에서 사는 동물이에요. 개구리, 두꺼비, 도롱뇽 같은 것들이 양서류예요.

이산화 탄소
11쪽

종이나 나무 등 물질이 탈 때 생기는 기체예요. 우리는 숨을 쉬면서 산소를 받아들이고 이산화 탄소를 내보내지요.

전염
19쪽

감기 같은 병이 이 사람에서 저 사람에게로 옮는 거예요.

점막
10쪽

호흡 기관처럼 우리 몸속과 바깥이 직접 맞닿아 있는 기관의 안쪽 벽을 이루는 부드럽고 끈끈한 막이에요.

점액
9-11, 13, 21쪽

미끄럽고 끈적끈적한 액체예요. 액체는 물처럼 모양이 없고 흘러 움직이는 물질의 상태를 말해요.

혈관
22쪽

심장과 우리 몸속 곳곳을 연결해서 피가 지나가게 하는 길이에요.

호흡 기관
10쪽

공기 속에 있는 산소를 마시고 이산화 탄소를 내보내는 일을 하는 몸속 기관들을 말해요. 입과 코를 지나 허파로 가는 길인 기도, 허파 등이 호흡 기관이에요.

삐뽀삐뽀 우리 몸

왜 재채기를 해요?

초판 1쇄 발행 2021년 5월 25일 | **초판 2쇄 발행** 2022년 6월 22일
글쓴이 개들린 타일러 | **옮긴이** 이계순 | **감수** 서영균
펴낸이 홍성우 | **책임 편집** 이정은 | **디자인** 박두레
펴낸곳 기린미디어 | **등록** 2016년 4월 26일 제 409-2016-000009호
주소 경기도 김포시 모담공원로 17
전화 0505-302-2381 | **팩스** 0505-300-2381 | **전자우편** girinmedia@daum.net

ISBN 979-11-91142-17-4 74470
　　　979-11-91142-11-2 (세트)

*책값은 뒤표지에 표시되어 있습니다.

*파본이나 잘못된 책은 구입하신 곳에서 바꿔드립니다.

품명 아동 도서 | **사용연령** 5세 이상 | **제조국** 대한민국 | **제조년월** 2022년 6월 22일 | **제조자명** 기린미디어
연락처 0505-302-2381 | **주소** 경기도 김포시 모담공원로 17
주의사항 종이에 베이거나 긁히지 않도록 조심하세요. 책 모서리가 날카로우니 던지거나 떨어뜨리지 마세요.
KC마크는 이 제품이 공통안전기준에 적합하였음을 의미합니다.

이미지 출처

셔터스톡, 게티이미지, 싱크스톡포토, 아이스톡포토
표지, p3 : LynxVector, LynxVector. 모든 페이지마다 사용된 이미지 : Nadzin, TheFarAwayKingdom. p4 : zizi_mentos, anpannan. p6 : Niwat singsamarn. p7 : Luciano Cosmo. p8 : didiaCC. p9 : Vetreno, robuart, moj0j0. p10 : TheFarAwayKingdom, CLUSTERX. p11 : Teerapol24. p12-13 : arborelza. p14 : Top Vector Studio, BlueRingMedia. p15 : yatate. p16 : robuart. p17 : naulicreative. p18 : Korbut Ivetta. p19 : Nadia Buravleva, Wor Sang Jun. p20 : Macrovector. p21 : toranosuke. p24 : Diego Schtutman, Nadezda Barkova, ershov Oleksandr. p25 : toyotoyo, Giraphics, Roman Marvel.

글쓴이 매들린 타일러
대학에서 비교 문학을 공부했습니다. 출판사에서 편집자로 일하며 작가로도 활동하고 있습니다. <몬스터 수학> 시리즈를 비롯한 수십 권의 어린이 교양 도서를 썼습니다.

옮긴이 이계순
서울대학교를 졸업했고, 인문사회부터 과학에 이르기까지 폭넓은 분야에 관심을 갖고 공부하는 것을 좋아합니다. 좋은 어린이·청소년 책을 우리말로 옮기는 일에 힘쓰고 있습니다. 옮긴 책으로 《캣보이》, 《1분 1시간 1일 나와 승리 사이》, 《말똥말똥 잠이 안 와》, 《지키지 말아야 할 비밀》, <공룡 나라 친구들 시리즈(전11권)> 등이 있습니다.

감수 서영균
서울대학교 의과대학을 졸업한 의학박사, 가정의학과 전문의입니다. KBS <생로병사의 비밀>, 채널A <나는 몸신이다> 등 다수의 프로그램에 출연했습니다. 현재 한림대학교 성심병원 가정의학과 교수입니다.

삐뽀삐뽀 우리 몸 시리즈

낯설고 생소한 우리 몸에 대한 의학적 지식들을
간결한 글과 그림으로 쉽고 재미있게 알려 줘요.
우리 몸에 대한 여러 가지 호기심을 해소하고,
내 몸과 비교하며 관찰할 수 있어요.

왜 피가 나요?	왜 가려워요?
왜 키가 자라요?	왜 피부가 벗겨져요?
왜 토해요?	왜 땀이 나요?
왜 똥을 싸요?	왜 잠을 자요?
왜 오줌을 싸요?	왜 침이 나와요?
왜 재채기를 해요?	왜 손을 씻어요?
왜 눈물이 나요?	왜 마스크를 써요?

커스티 홀즈 외 글, 이계순 옮김, 서영균 감수